我的小问题·科学 第二辑

生物多样性

［法］德·卡特琳·德·科佩 / 著
［法］德·马蒂亚斯·马林格雷 / 绘
唐波 / 译

北京时代华文书局

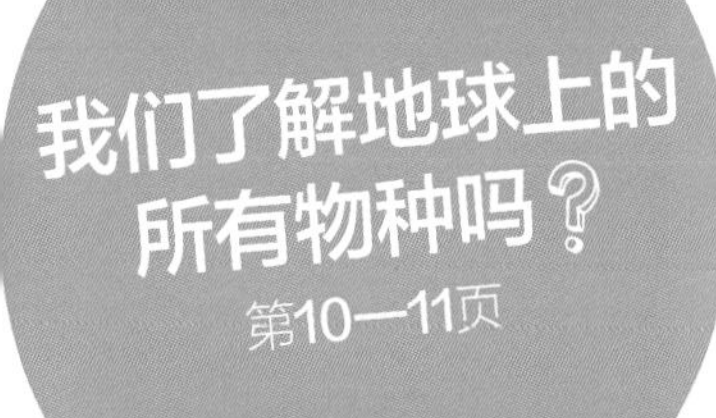

什么是生物多样性？

一只兔子、一个蘑菇、一个小朋友、一根草，其共同点是什么？全部都是生物！

我们用“生物多样性”来描述地球上所有**种类**的生物。在法语里，“生物多样性”一词为“biodiversité”，其中，“diversité”是“多样性”的意思；“bio”一词来自一个古老的词语，意思是“生命”。

莉莉很喜欢吃梨，但是该选哪一种呢？它们属于不同的梨子家族，有不一样的颜色和味道。

庞大的动植物家族正是生物多样性的一个**方面**。

汤姆有一头金发，戴着眼镜，而梅丽莎有一头黑发和极好的视力，他们两个一点儿也不像！世界上没有两个完全一样的人。

生物的**变异**和生态系统的多样性都是生物多样性的一部分。**生态系统**是生物**成长**的地方，比如热带雨林。

“生物多样性”这个词出现的时间并不长。但是对大自然**多样性**的研究却可以追溯到很久以前！史前人类就已经具有非常发达的**观察力**了。

我的猫是生物多样性的一部分吗

是的！生物多样性**包括**所有生物，不管是自由生活在大自然里的、出现在街角的，还是待在暖和的家里的。

有些生物只有在**显微镜**下才能看得到——这就是微生物，比如**细菌**。我们的皮肤上就覆盖着细菌，它保护着皮肤。

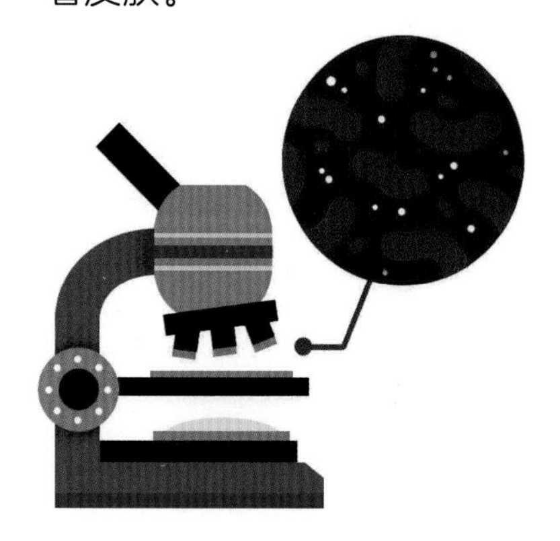

尽管岩石**种类**繁多，但它们并不是生物多样性的一部分。我们用“**地质多样性**”来描述多种多样的岩石。

小实验

观察微生物的成长

准备一个空的广口玻璃瓶和一些插花剩下的水。

如果没有插花剩下的水，可以去采摘几朵鲜花，把它们插入装有水的瓶子里，待花凋谢后，将花朵从花瓶中取出，收集瓶中的水。

1. 将花瓶中用过的水倒入广口玻璃瓶中，敞着口放在室内或室外。

2. 几天后，你会在瓶子壁上看到一些绿藻。你看到水面上的雾状物了吗？这是一个菌群，至少有 1 亿个细菌呢！

必须离开城市才能看到生物多样性吗？

在**地面**上、地下、海里，生物的多样性无处不在。

在城市里也能看到！

生活在这里的**物种**适应了这个人类创建的地方，也**适应**了这里的各种缺点：污染、炎热、居民众多……

山越高，生物越少，这主要是因为随着高度的增加，气温越来越低，只有一部分**植物**和动物能够在这种对它们**不利的**环境中**幸存**下来。

沙漠里的生物也很少，因为那儿的水太少了！

小实验

找到你周围的生物多样性

准备 1 张纸和 1 支铅笔。

1. 选择一个离你近的地方，比如你家周围、附近的街道、所在的庭院、花园的一角。

2. 在纸上分出两列，一列记下动物，另一列记下植物和真菌（如菌菇）。

3. 花些时间寻找生活在这个地方的各种不同的生物。即使你不知道它们的名字，也可以将它们画下来，试着归入动物或植物那一列。

实验结束后，可以请大人来帮助你识别所观察到的生物种类。

我们了解地球上的所有物种吗

太令人惊叹了！科学家们已经记录、描述了至少 180 万个物种，然而在我们的星球上，物种可能已经达到了 1 亿个！ 2019 年，我们发现了一些新物种。

坦桑尼亚的
瓦坎达丝隆头鱼

克罗地亚的
一种穴居盲蛛

南非的
一种平蜥

马达加斯加的
一种开花植物

我们一直试图了解自己的生存**环境**，不断完善动物群和植物群，也就是对周围的动物和**植物**进行分类。

最初的分类**考虑**的是某种植物或动物对人类有什么益处，比如可以治愈伤口。

将所有生物进行科学分类，是为了观察它们之间有什么区别和相似的地方。

人们通常将生物分为五大类：原生生物、原核生物、真菌、植物和动物。

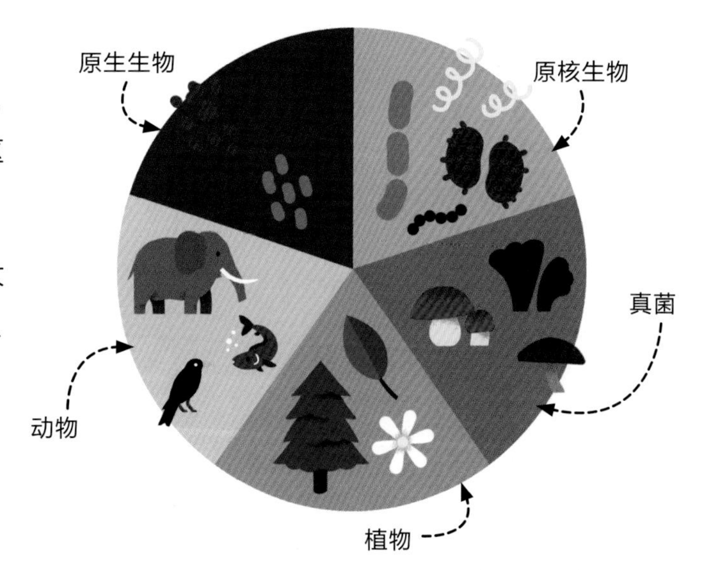

小实验

制作一个植物标本集

准备 1 把剪刀、一些报纸、1 个重物（比如 1 本厚厚的书）、1 个笔记本和透明胶。

1. 选择一个天气晴朗的日子，不要在下雨天进行这个实验！

2. 用剪刀剪下你感兴趣的植物，最好选择那些花和叶多的。

3. 回到家后，在每两张报纸之间放入一个你剪下的植物，然后将重物压在报纸上。

4. 一个星期后，轻轻打开报纸，用透明胶将每一朵花和每一片叶子粘在你的笔记本里。

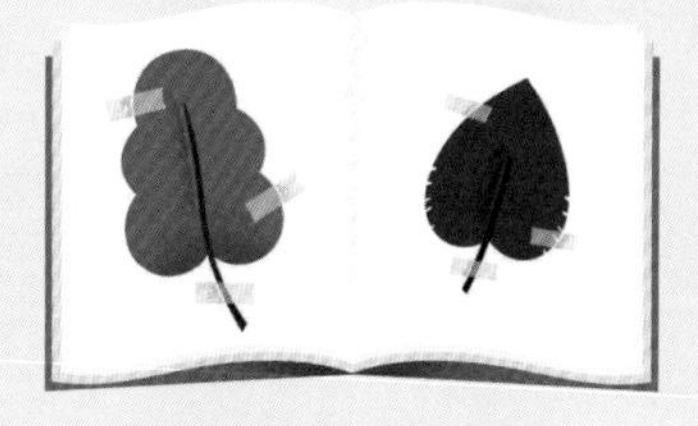

你可以根据花朵颜色、叶子形状、采摘地点来决定页面顺序。

什么是生态系统？

在池塘及其周边，我们能找到睡莲、青蛙、芦苇、蜻蜓等，它们彼此需要。

它们之所以生活在这儿，是因为这里的气候、光照、水量和土壤的质量能让它们很好地安家。生物与它们的生存环境相互作用所构成的统一整体被称为“生态系统”。

小实验

瓶中的花园

准备 1 个干净透明、带塞子的短颈大腹瓶，一些小石子或黏土球，沙子，木炭，盆土，2 个木勺，1 株或几株蕨类植物以及水。

1. 按照从下到上的顺序，用勺子先后往瓶中放入：3 厘米高的沙子、10 厘米高的石子或黏土球、3 厘米高的小块木炭和 10 厘米高的盆土。

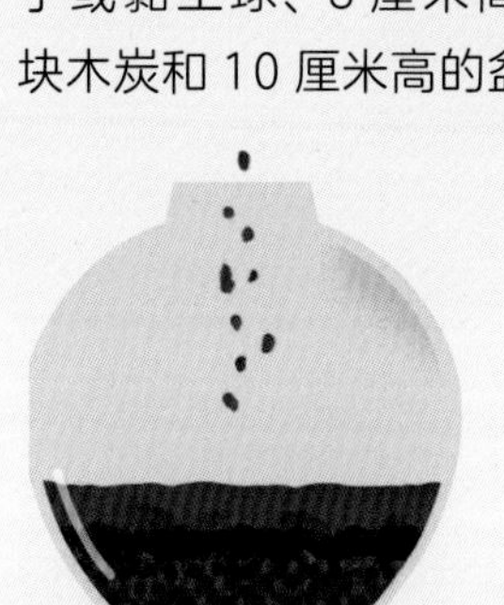

2. 用勺子在盆土里挖个小洞，将植物种进去，然后浇点水。

3. 将瓶口敞着放置两天，然后用塞子塞住，再将瓶子放在光线充足的地方。

4. 不用再打开瓶子了，除非里面有水汽形成。

生态系统有可能是非常辽阔的，比如一片海、一座森林。

不管是陆地上还是海洋中的生态系统，都会产生有生命的物质，同时将无生命的物质**回收**，这样有助于维持地球生态**平衡**。生态系统在不停地**进化**着。

什么是野生动物？

有些动物自由自在地生活着，虽然是生态系统的一部分，却很难让人类接近，我们称其为“野生动物”。

中非的黑猩猩、法国乡村的松鼠、大都市里的老鼠都是野生动物！

在很长一段时间内，史前人类为了获得食物而猎杀野生动物。

慢慢地，有一些动物习惯了在**靠近**人类居住地的地方生活。

大约 11 000 年前，史前人类逐渐具备了饲养一些动物（比如狼、野猪、原牛）的能力，后来这些动物就变成了**家养的**狗、猪、牛等（即家畜）。

植物也是一样的情况，有些植物无拘无束地生长，是野生的。我们采摘野生植物时，一定要当心。

人类对一些植物进行种植和栽培，按照自己的心意砍伐、修剪，把它们变成自己喜欢的样子。

自恐龙时代以来，生物多样性发生了变化吗？

自从地球上出现了生命，植物和动物就没有停止过演变。一些动植物如同恐龙一样，出现了又消失。它们一直在进化，只不过速度非常缓慢。

古老的植物或动物留下来的痕迹，变成了化石，能帮助我们来了解这种进化。

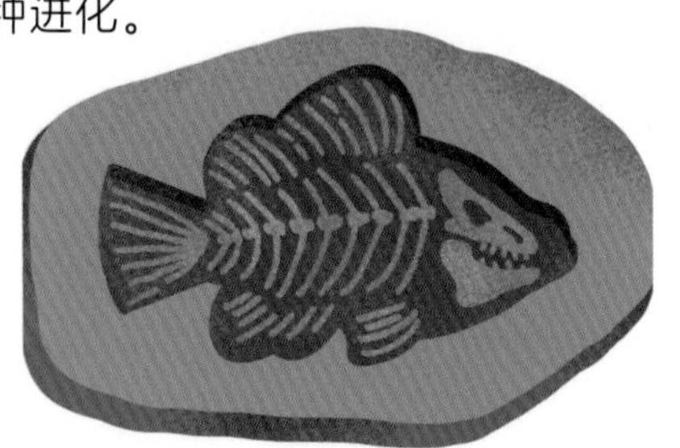

狗的前腿上有第五个脚趾，就像拇指一样。它们很少用到这个脚趾，然而在很久以前，它们的祖先用这个脚趾支撑着行走，步态与今天不同。这就是一种进化的痕迹！

生物以进化的方式来适应**环境**的变化，比如新物种出现、气候明显改变、火山进入喷发期或者熄灭。

在如今的都市里，生物可能会进化得非常快，一些昆虫，比如金龟子，为了更好地抵御高温，已经变得越来越小了。

小实验

制作一块化石

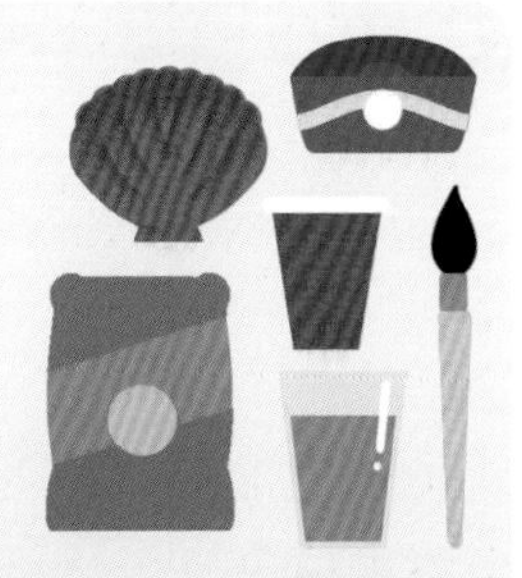

准备 1 个贝壳（也可以是 1 片新鲜叶子或 1 块骨头）、石膏、少许凡士林、水、1 支小毛笔和 1 个小容器。

1. 用毛笔将凡士林涂在贝壳上。在容器里加入一定量的石膏，再加入两倍的水，将其混合。

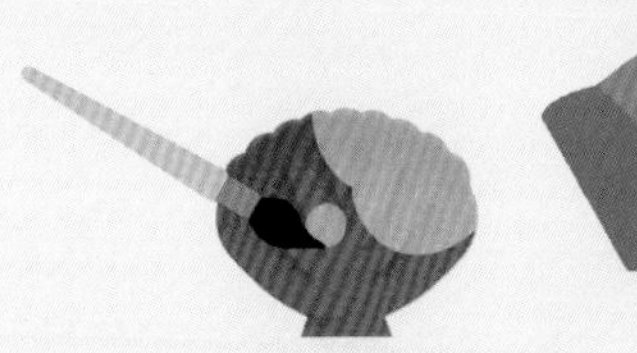

2. 将贝壳小心地放在混合物的表面，再轻轻地按压，直到贝壳的轮廓印在混合物上。

3. 取出贝壳，将石膏放置 24 小时让其变干。

生物多样性真的遭到了严重破坏吗？

人类的活动越来越多，但是并没有给予**生态系统**足够的尊重，这 100 多年以来，消失的**物种**在不断增加。

塔斯马尼亚虎

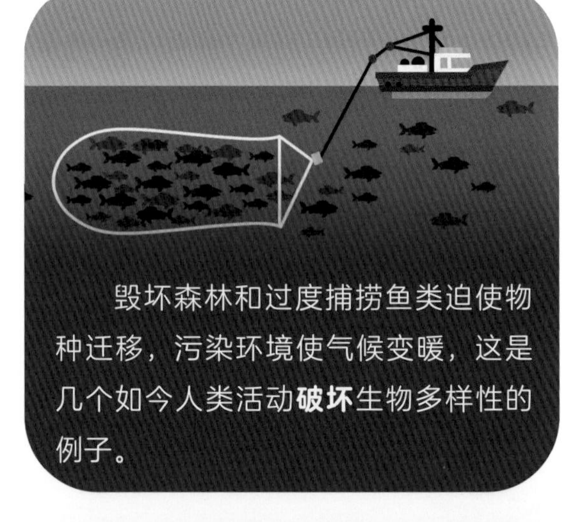

毁坏森林和过度捕捞鱼类迫使物种迁移，污染环境使气候变暖，这是几个如今人类活动**破坏**生物多样性的例子。

为了让工厂运转，使交通工具运行，我们燃烧了太多的石油、天然气和木材，产生了很多二氧化碳，发生了“**温室效应**”，导致气候变暖。

虽然海洋吸收了一部分二氧化碳，但是这样一来就改变了水质，海水变得更**酸**了。

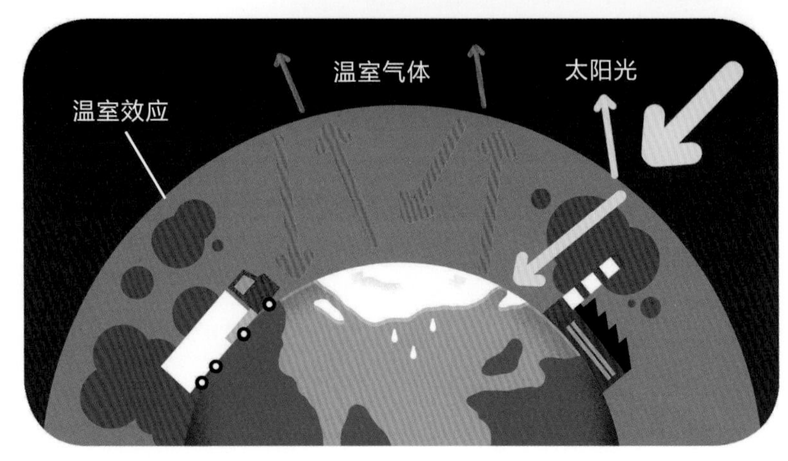

全球变暖减少了海洋里的生物多样性，同时也使人类受到威胁，尤其是会造成一些极端天气事件，比如飓风。

小实验

测试酸度的影响

准备一些西洋菜种子、2 个透明的碗、2 个茶碟、1 个喷水壶、纸巾和醋。

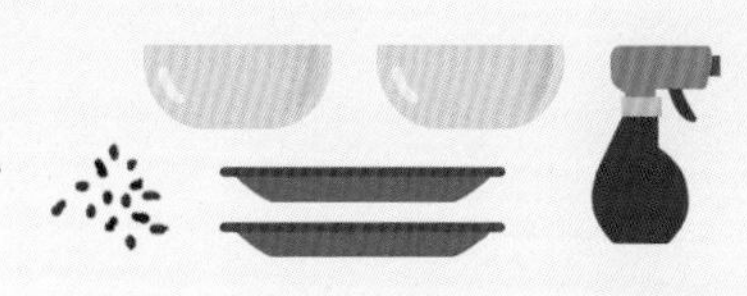

1. 在每个茶碟上放一张对折一次或两次的纸巾。

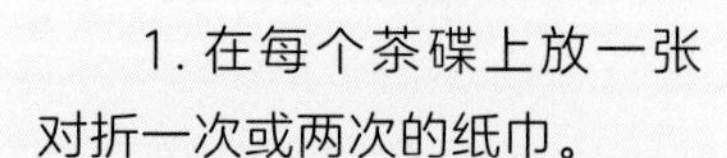

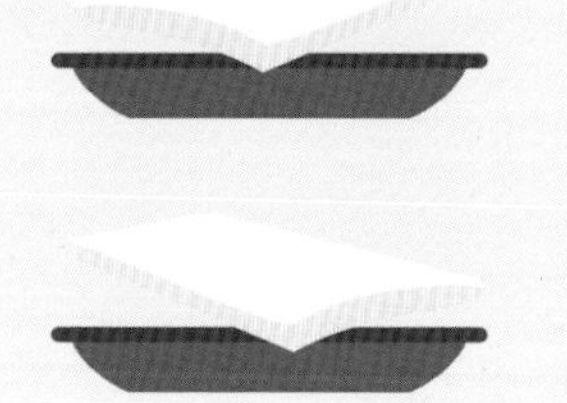

2. 在一张纸巾上喷一点水，在另一张纸巾上倒几滴醋。然后在两张纸巾上各放几颗西洋菜种子，再分别用碗盖住。

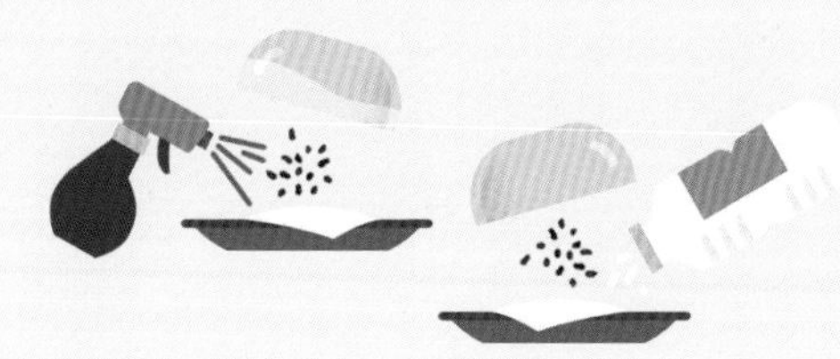

3. 将碟子放在温暖的地方（比如厨房）。两天后，将碗拿开，看看哪个碟子里的种子发芽了。

农业威胁着我们的星球吗

今天地球上能让植物生长的土地，一半以上都被农业占据了，这种情况改变了生物多样性。

当我们持续耕作一块田地，或者总是在一块地上种植同一种作物，这块地的生物多样性就会减少。因为土壤**肥力**降低，种植在这里的作物就更难生长了。有一些化学产品可以改善产量，但是会破坏土壤、污染河流。

有一种尊重**生态环境**的耕作方式，那就是**生态农业**，但是这种方法还没有被充分利用。

耕地可用来饲养动物。耕地出产的农作物可以为动物提供食物，我们就可收获肉和奶。但是饲养大量动物会造成严重的污染。

小实验

比较土壤的肥力

准备 2 块棉布、2 根橡皮筋和 1 个挖掘工具。

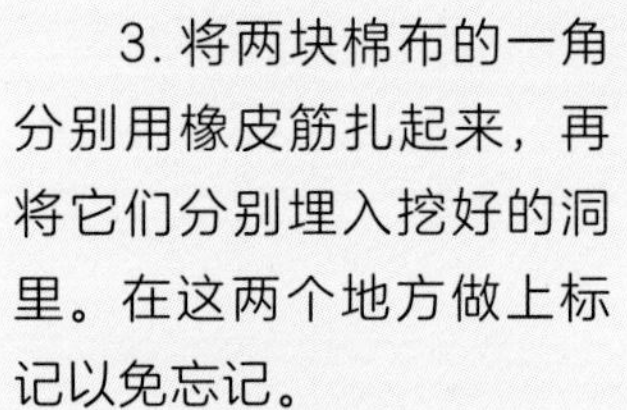

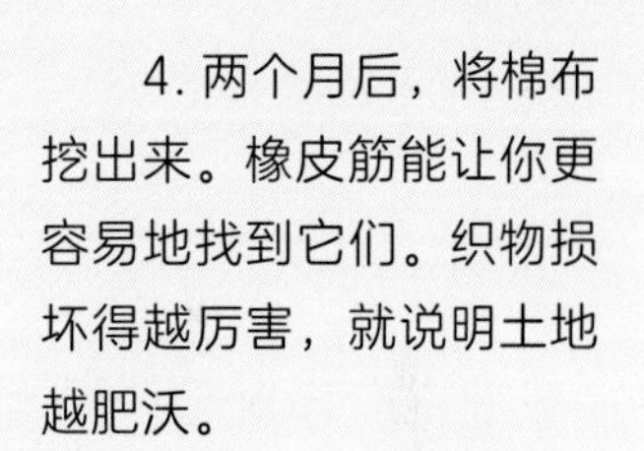

1. 选择两个土多的地方，比如菜园、田地、花园、大花箱。

2. 用工具分别在这两个地方挖一个大约 20 厘米深的洞。你可以在大人的帮助下完成这一步。

3. 将两块棉布的一角分别用橡皮筋扎起来，再将它们分别埋入挖好的洞里。在这两个地方做上标记以免忘记。

4. 两个月后，将棉布挖出来。橡皮筋能让你更容易地找到它们。织物损坏得越厉害，就说明土地越肥沃。

为了保护生物多样性，我该怎么做？

并不是只有大人才能保护生物多样性！在**日常生活**中，有很多简单的活动可以有效地保护生物多样性。

你可以种植一些植物，这是有利于生物多样性的。

小实验

制作再生纸

准备一些旧报纸、水、1 个木框、1 块纱布或者薄蚊帐、图钉、2 块抹布、1 根擀面杖、1 个盆和搅拌器。

1. 将报纸剪碎放入盆中。加入水，一大张报纸需要大概 1 升水。

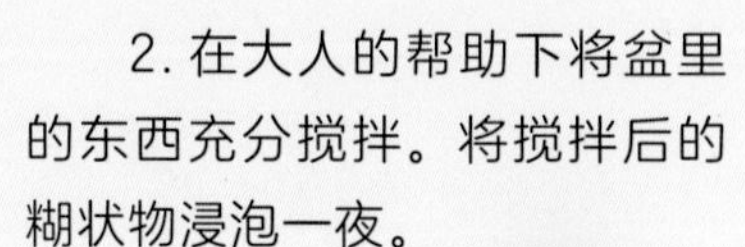

2. 在大人的帮助下将盆里的东西充分搅拌。将搅拌后的糊状物浸泡一夜。

3. 用图钉将纱布牢牢地固定在木框上。

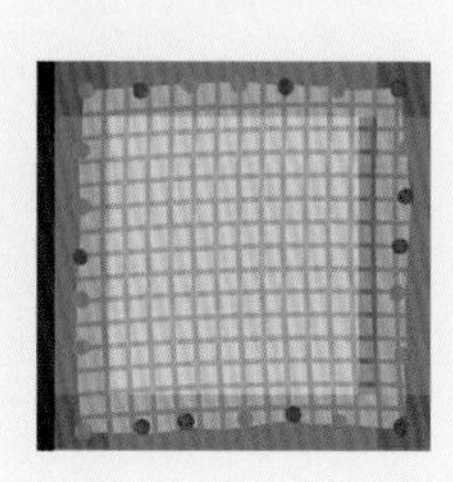

还有其他的例子，比如，将你准备扔掉的东西分类或者重复使用；使用水壶，避免使用塑料瓶。另外，记得关灯，洗澡不要花太多时间，这些也是对生物多样性有利的！

有一些活动也可以在学校里完成，和你的老师谈一谈，大家一起行动更有效！

4. 将木框放在一块抹布上，然后将盆里的糊状物平铺在纱布上。

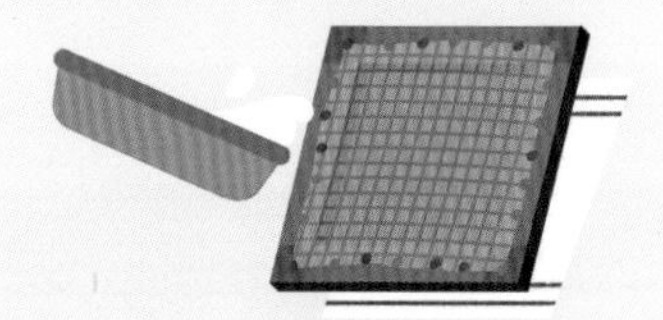

5. 将第二块抹布覆盖在木框上，然后透过抹布轻轻拍打糊状物。

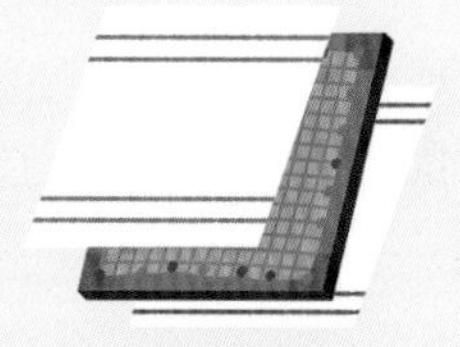

6. 将木框和抹布翻过来。取掉上面的抹布，然后取下木框，用擀面杖滚压已成型的糊状物。

7. 将得到的纸张晾干。你可以用衣服夹子将它夹住晾挂一夜。

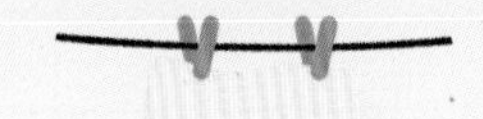

森林真的是地球的肺吗？

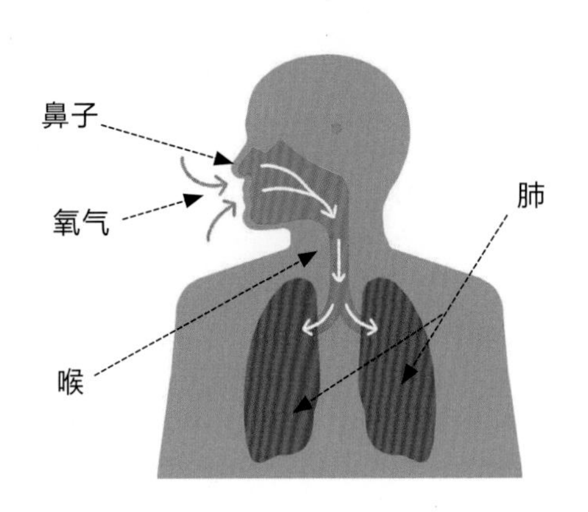

肺是我们的呼吸**器官**，人体吸入空气，空气中的**氧气**进入肺进行气体交换。没有氧气的话，我们就无法生存。

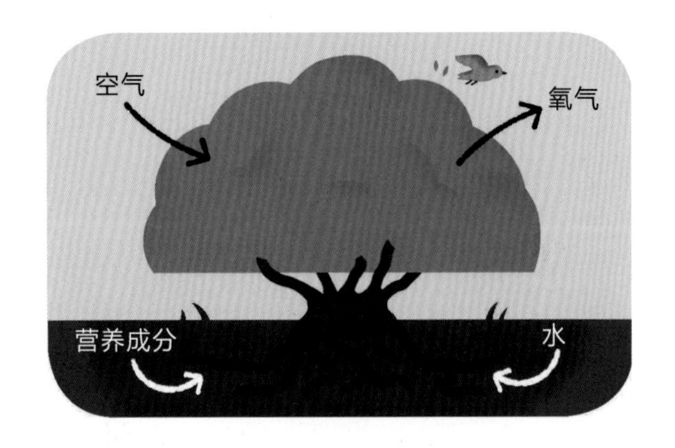

植物可以产生大量氧气，这对许多物种都是有益的。

小实验

观察植物的呼吸

准备 1 个杯子、水和 1 片刚刚摘下来的绿叶。

1. 杯子装满水后，把整片叶子浸入水中。

2. 将杯子放在有阳光照射或光线充足的地方。

3. 半小时后，仔细观察叶子周围，你会看到一些细小的气泡！它们就是叶子释放气体的证据！

森林里有许许多多植物，它们的存在对于地球上的生命来说是**必不可少**的！

森林，尤其是古老的森林，和海洋一样，都是生物多样性最丰富的地方之一。因此，保护森林是非常重要的！

和海洋一样，森林具有吸收人类制造的温室气体的能力，这对我们对抗全球变暖有很大帮助。

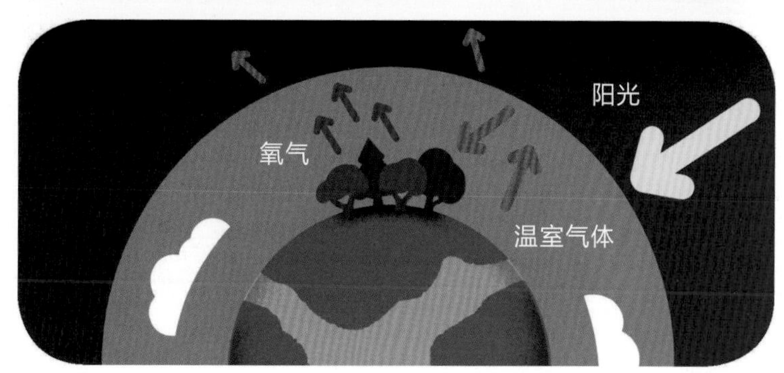

什么是可持续发展？

可持续发展指的是对所有人有益，为了未来而尊重自然、保护地球的人类活动。

为了利用风能，我们建造了风力发电机。

为了减少使用价格稍贵、加工起来会耗费许多能量的自来水，我们可以收集雨水，在家里使用。

屋顶上的太阳能板可以让我们无限使用太阳光这一能源。

我们可以利用一些清洁能源来发**电**，也就是那些不会对自然生态系统造成太大破坏的**能源**，比如风能、太阳能、水能。

有些商店里的商品，比如大米、小扁豆，是散装出售的，这样可以减少塑料的使用。塑料会严重危害生物多样性。

我们在海洋里可以发现不少没有被**回收**的塑料，这些塑料影响了很多海洋动物（比如海龟）的正常生活。

小实验

利用太阳能来煎鸡蛋

准备 1 个鸡蛋、1 个玻璃模具、1 个纸板箱、铝箔纸、胶水、1 张黑色的纸和 1 个小号玻璃沙拉盆。需要在一个大晴天来完成这个实验！

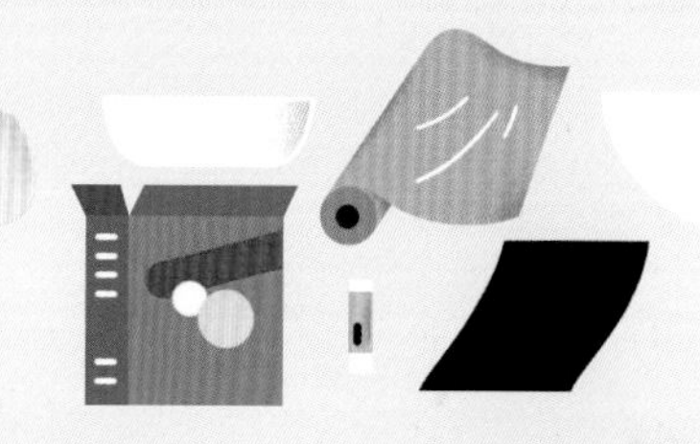

1. 将纸板箱从上往下剪开，然后展开。去掉纸箱的顶部和底部，在纸板上覆盖一层铝箔纸。

2. 把黑纸暴晒在阳光下。将鸡蛋打在玻璃模具里，然后将模具放在黑纸上，再用沙拉盆罩住。

3. 将铝箔纸板放在沙拉盆后面，对着太阳，引导光斑射到鸡蛋上。20 分钟后，鸡蛋就煎好了！

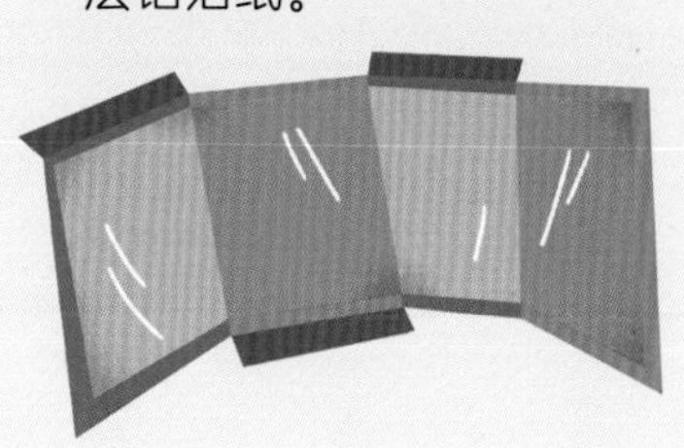

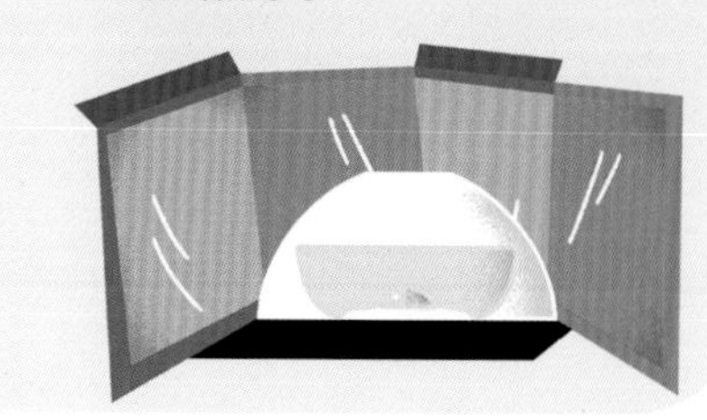

我们可以创造新的植物吗

人类可以生孩子，植物也一样，这就是植物繁殖。当我们了解这种繁殖的**机制**后，就能创造出新的植物。

玫瑰的培育就是个例子：为了改变玫瑰的香味、颜色和花瓣的形状，人类对玫瑰进行了多次实验，现在很多玫瑰品种就是这些**实验**的结果。我们将至少两种玫瑰进行杂交，就可以得到一种新玫瑰。

我们所吃的水果和蔬菜几乎都是经过改良的，这样做是为了让它们更易种植、营养更丰富、味道更可口。

克里曼丁红橘是 100 多年前将橘树和橙树杂交而得到的。克里曼丁红橘和橘子很像，但是它没有籽，而且**滋味**更甜美。

为什么我们要谈论被大家遗忘了的蔬菜？

你知道欧洲防风吗？它长得像白色的胡萝卜，但是味道更加浓郁。它是一种被大家遗忘的蔬菜，像这样的蔬菜还有：

菊芋（也称洋姜）

芜菁甘蓝

紫土豆

草石蚕

我们就是这样称呼这些如今已不常食用的蔬菜的。

我们也忘记了某些植物可以用来做菜肴，比如荨麻。

我们的口味会改变，不再想食用这些蔬菜或者种植这些植物，因为它们会让我们想起那些想忘记的**时期**，比如经常吃这些蔬菜的战争年代。

实际上，它们从来没有被彻底遗忘！

在一些地方，人们把这样的水果和蔬菜列成了名单，并通过种植保存了它们的种子，用这种方式来保持生物多样性。

你知道吗？今天全世界苹果的种类可能超过了 10 000 种！

其他星球上有生物多样性吗

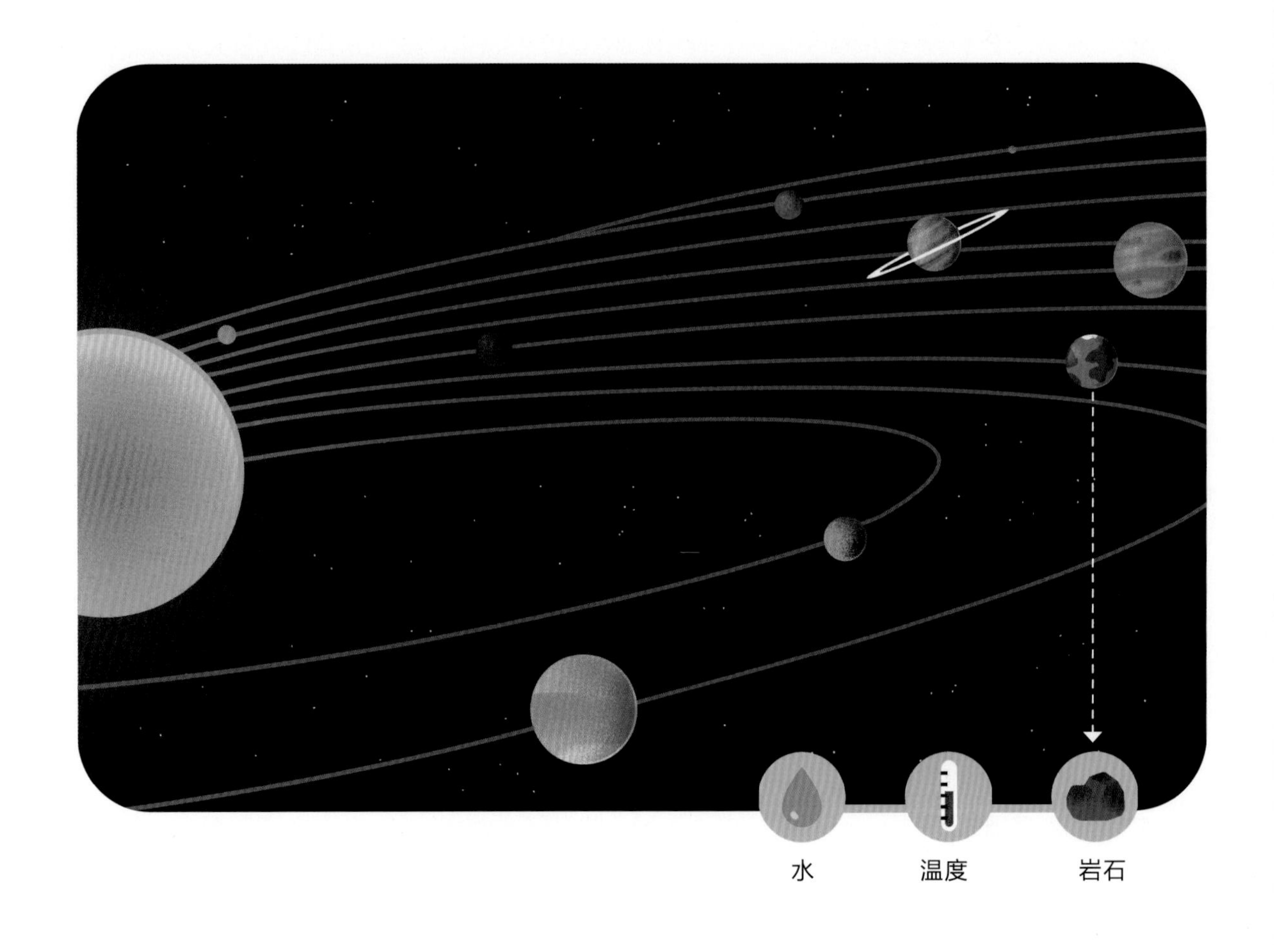

其他星球上必须同时具备几个有利于生命出现的**条件**，才会有生物多样性。

尤其是：星球与它围绕着旋转的恒星之间有一定的距离，星球表面有岩石和液态水，有相当**稳定**的温度和大气环境。

生命的成长发展也需要很多时间。从我们的星球形成到最早的生物出现，中间经历了约 10 亿年！

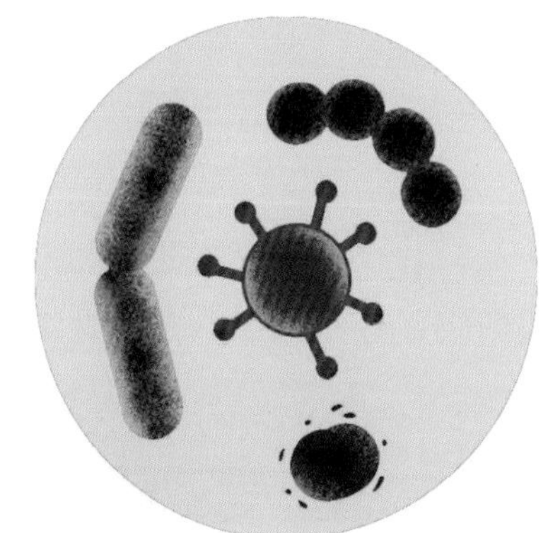

最近，在我们的**星系**里发现了几千颗和地球一样的岩石行星。目前还很难很好地观察它们。

但是研究它们的**天体物理学家**希望在将来的某一天，我们能够知道那些星球是否适合生物居住！

关于生物多样性的小词典

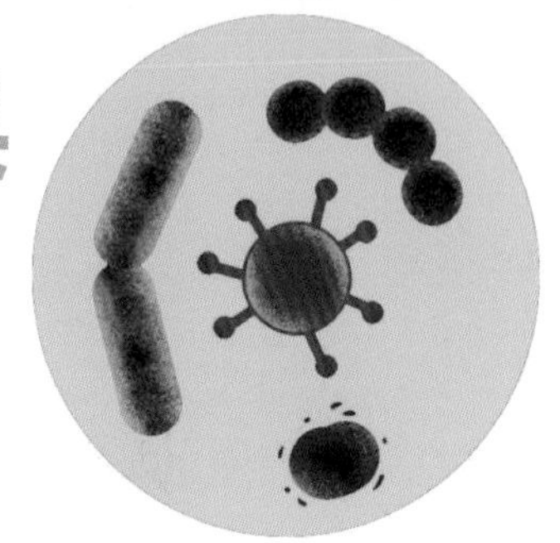

这两页的内容向你解释了人们谈论生物多样性时最常用到的词，便于你在家或学校听到这些词时，更好地理解它们。正文中的加粗词语在小词典中都能找到。

包括：归纳其中。

必不可少：不能放弃的，生活必需的。

变异：与原来相比有差异，发生了改变。

不利的：制造了阻碍或困难的。

成长：长大。

地面：地的表面。

地质多样性：在地面或地下发现的所有矿物或岩石。

电：一种传递能量的物理现象。比如，电流可以给房屋照明、供暖。

多样性：事物之间的众多差异。

方面：事件中的一部分，能让人辨认出它属于某人、某事，还是某物。

肥力：土地、田地的肥沃程度，决定了植物生长得如何。

观察力：观察细节的能力。

环境：生物生活的地方。

回收：把不要的物品进行分类、改造和再利用。

机制：功能，规则。

家养的：被驯服的，经过训练的。

进化：向高级演变。

考虑：细想。

靠近：越来越接近。

能源：可以产生热、光、使物体运动的力的物质。比如，电是一种能源，能够照明。

平衡：使保持稳定的状态。

破坏：毁坏。

器官：身体的一部分，参与身体的运转，完成一个特定的任务。

日常生活：每天的生活。

生态农业：使用不会危及生物多样性的现代科学技术来种植作物。

生态系统：生物存在于自然界某一空间内，它们共享一个地盘且相互需要。

时期：一段时间。

实验：尝试证明或验证某个想法的科学操作。

适应：改变行为使自己习惯，感觉更好。

酸：有刺激性的、酸腐的物质，会造成腐蚀和毁坏。

天体物理学家：研究恒星和行星的科学家。

条件：因素。

温室效应：地球保留太阳热量的能力。温室气体加强了这一能力，从而产生了相对于地球的需求来说过高的温度。

稳定：没有变化。

物种：生态和形态特征全部相似的生物群体。

细菌：由单个细胞构成的微小生物。

显微镜：能让人看到非常小的细节的仪器，就像一个非常强大的放大镜。

星系：围绕一个中心运转的所有恒星和星际物质组成的天体系统。地球所属的星系是银河系。

幸存：在非常困难的情况下成功地活下来。

氧气：在地球上大量存在的物质，是呼吸所必需的。

植物：由根、茎、叶和花构成的生物。

滋味：味道。

种类：不同的类群。

图书在版编目（CIP）数据

生物多样性 /（法）德・卡特琳・德・科佩著 ;（法）德・马蒂亚斯・马林格雷绘 ；唐波译. — 北京 ：北京时代华文书局，2023. 5
（我的小问题．科学．第二辑）
ISBN 978-7-5699-4977-3

Ⅰ．①生…　Ⅱ．①德…　②德…　③唐…　Ⅲ．①生物多样性－儿童读物　Ⅳ．① Q16-49

中国国家版本馆 CIP 数据核字 (2023) 第 081702 号

Written by Catherine de Coppet, illustrated by Matthias Malingrey
La biodiversité – Mes p'tites questions sciences © Éditions Milan, France, 2021

北京市版权著作权合同登记号　图字：01-2022-4656

本书中文简体字版由北京阿卡狄亚文化传播有限公司版权引进并授予北京时代华文书局有限公司在中华人民共和国出版发行。

拼音书名 | WO DE XIAO WENTI KEXUE DI-ER JI SHENGWU DUOYANGXING

出 版 人 | 陈　涛
选题策划 | 阿卡狄亚童书馆
策划编辑 | 许日春
责任编辑 | 石乃月
责任校对 | 张彦翔
特约编辑 | 周　艳　杨　颖
装帧设计 | 阿卡狄亚 · 戚少君
责任印制 | 訾　敬
出版发行 | 北京时代华文书局 http://www.bjsdsj.com.cn
北京市东城区安定门外大街 138 号皇城国际大厦 A 座 8 层
邮编：100011 电话：010 - 64263661 64261528
印　　刷 | 小森印刷（北京）有限公司 010 - 80215076
（如发现印装质量问题影响阅读，请与阿卡狄亚童书馆联系调换。读者热线：010－87951023）
开　　本 | 787 mm×1194 mm　1/24　　**印　　张** | 1.5
成品尺寸 | 188 mm×188 mm
字　　数 | 36 千字
版　　次 | 2023 年 8 月第 1 版
印　　次 | 2023 年 8 月第 1 次印刷
定　　价 | 98.00 元（全六册）